EAUX MINÉRALES

DE

LA ROCHE-POSAY

PRÈS

CHATELLERAULT

(Vienne)

PRIX : 50 CENTIMES

SE TROUVE :

A TOURS, CHEZ TOUS LES LIBRAIRES
ET A LA DIRECTION DES EAUX, A LA ROCHE-POSAY

—

1872

EAUX MINÉRALES

DE

LA ROCHE-POSAY

PRÈS CHATELLERAULT (DÉPARTEMENT DE LA VIENNE)

La Roche-Posay, jolie petite ville de 1,800 âmes, est située dans le département de la Vienne (Poitou), à 22 kilomètres de la station de Châtellerault, 300 kilomètres de Paris, sur le chemin de fer de Paris à Bordeaux. La ville de la Roche-Posay est bâtie sur une roche formant promontoire, s'élevant à plomb à plus de 15 mètres au-dessus du niveau de la Creuse, près du confluent de la Gartempe ; elle domine ainsi trois vallées : celle d'amont et celle d'aval de la Creuse, ainsi que celle de la Gartempe. A un kilomètre environ vers le sud, cette vallée est fermée par une petite colline d'où s'échappent les sources d'eau minérale. Les maisons sont en général bien bâties ; leur toit est très-incliné et couvert, comme dans presque toute la Touraine, d'ardoises ou de tuiles plates.

La ville de la Roche-Posay a joué un certain rôle pendant les guerres du moyen âge. Elle a appartenu successivement à la maison de Preuilly et de Châteignier, au sieur Frottier (1), et au marquis de Pleumartin. Fortifiée

(1) De l'ancienne famille de ce nom (Frottier de la Messelière) alliée aux seigneurs de Preuilly.

1

et défendue par un château, elle fut, pendant les guerres du Poitou, prise et reprise plusieurs fois par les Anglais et par les Français. Nous n'avons remarqué à la Roche que deux monuments dignes d'attirer l'attention des étrangers : une tour bien conservée et d'une date fort ancienne (c'est un des débris de l'ancien château), et une église curieuse surtout par son antiquité; elle remonte au commencement du xᵉ siècle. On y voit deux jolies chapelles voûtées par des arceaux en ogive ouvrant sur la nef et sur les bas-côtés par des arcades en plein cintre; deux bas-reliefs en pierre tirés du couvent de la Mercie-Dieu, fondé en 1150 par Eschivart de Preuilly, seigneur de la Roche-Posay. Ces bas-reliefs, bizarrement enluminés avec des couleurs à l'huile, représentent l'un la naissance de l'enfant Jésus, l'autre le martyre de saint Laurent. Le corps du saint et les anges qui tiennent la couronne sont d'une pose et d'une exécution remarquables. On y voit une belle tombe de monseigneur de Châteignier de la Roche-Posay, évêque de Poitiers, décédé en 1650, et qui a figuré dans le procès d'Urbain Grandier.

Le climat de la Roche-Posay est assez chaud pendant les mois de juin, juillet et août, époque à laquelle on prend ordinairement les eaux. Cependant, la chaleur est tempérée par le voisinage de la Creuse et par la disposition de la vallée, qui laisse un accès facile au vent du nord et de l'est.

Le sol est couvert d'une terre végétale noire, très-fertile, qui se prête à toutes sortes de culture. On y rencontre beaucoup de marnières et de carrières de pierres calcaires, dont on se sert pour les constructions. Les pierres que l'on voit à la surface du sol sont des silex durs et compacts, recouverts d'une croûte noirâtre; on y trouve aussi des morceaux de roches basaltiques et des pyrites de fer. Dans les environs de la ville, la nature offre, pendant la saison des eaux, le coup d'œil le plus ravissant : les arbres, la vigne, les moissons, tout végète avec force, tout présente l'aspect d'une riche nature, aussi vivante que plantureuse. Ici, pas de neige, peu de montagnes, mais un horizon riant et varié.

Les buveurs qui aiment la chasse peuvent prendre ce plaisir dans la forêt de Châtellerault, où les cerfs et les chevreuils sont fort communs. Les environs de la Roche offrent aux chasseurs plus modestes une grande quantité de gibier de toute espèce, tels que cailles, perdrix, lièvres, etc. Le voisinage de la Creuse et de la Gartempe, jolies rivières très-poissonneuses, permet le plaisir de la pêche et les promenades en bateau. Les eaux limpides et froides de la rivière conviennent surtout aux truites, qui y sont excellentes ; on y prend aussi de beaux saumons, des juènes, des carpes, des gardons et beaucoup de goujons. Les habitants du pays sont laborieux, presque tous adonnés à l'agriculture. Les vastes prairies qu'arrose la Creuse permettent d'élever un grand nombre de magnifiques bestiaux que l'on engraisse pour les marchés de Paris.

Du pied d'une petite colline, située à un kilomètre de la ville, s'échappent les trois sources d'eau minérale froide reçue dans un bassin de quatre mètres carrés, partagé en quatre parties égales, par un mur en croix, qui forme quatre petits bassins. Trois des bassins contiennent cha-

cun une source différente, désignée par les n°ˢ 1, 2 et 3 ;
le 4ᵉ bassin sert de réservoir aux trois autres. C'est dans
ce dernier qu'on puise l'eau destinée aux bains. Le trop-
plein s'en va dans un ruisseau qui se dirige vers la Creuse.
Il ne croît aucune plante dans les bassins, dont le fond est
recouvert par une couche de boue noirâtre qui paraît très-
active ; on l'emploie à l'extérieur contre certaines derma-
toses rebelles.

« En août 1573 (dit Michel le Riche, dans son journal
« publié par M. de la Fontenelle, en 1844), fut découverte
« une fontaine qu'on nomme de Jouvence ou miraculeuse,
« à la Roche-Posay, à 8 ou 9 lieues de Poitiers. Jusqu'ici
« s'y sont trouvés et s'y rendent des étrangers : il s'y
« rencontre 2,000 personnes. C'est une eau sulfurée et
« peu chaude, sinon de nuit. Son effet principal est
« de guérir les enflures, fièvres et teignes des petits en-
« fants, allonger et mollifier nerfs raccourcis, surtout aux
« jeunes personnes. »

L'époque à laquelle la vertu de ces eaux minérales a été
reconnue est donc très-reculée : depuis des siècles les malades vont leur demander un allégement à leurs maux. Une
tradition, à laquelle le nom de certaines rues de la Roche-
Posay vient donner un cachet incontestable de vraisem-
blance, fait remonter la découverte de la propriété cura-
tive des eaux de la Roche, au temps où le fameux
Duguesclin guerroyait en Poitou contre les Anglais. On
raconte que le grand capitaine, étant obligé de se renfer-
mer dans la petite ville très-fortifiée de la Roche-Posay,
pour y attendre du secours à l'abri d'un coup de main et
conserver, en même temps, une base solide pour ses opé-
rations futures, et ne pouvant, vu le peu de vivres dont il

disposait, conserver des bouches inutiles, se décida à laisser tous ses malades en dehors de là ville. Plus de deux cents dartreux, teigneux, paralytiques, fiévreux et autres, furent donc obligés de camper en dehors des fortifications ; la terre était partout couverte d'une de ces neiges tardives du mois de mars ; un seul endroit, à un kilomètre de la ville, était resté noir et bourbeux, des sources d'une eau limpide suintaient çà et là ; les abandonnés choisirent à l'unanimité ce lieu pour y établir leur camp ; les plus valides allaient à la maraude pour fournir aux autres les aliments de chaque jour ; au bout de quelque temps, le nombre des valides augmenta de jour en jour très-sensiblement ; bref, après deux mois, la plus grande partie de ces hommes étaient assez guéris pour obtenir de reprendre le service actif dans l'armée. On crut à un miracle : on allait placer les eaux sous l'invocation d'un saint, quand on s'aperçut qu'elles guérissaient tous les malades sans distinction de croyance. Depuis Henri IV jusqu'à la révolution de 1789, les eaux de la Roche-Posay étaient fréquentées par la plus haute société de France et même d'Europe, car beaucoup d'Anglais, dont les aïeux avaient été guéris au temps des guerres, venaient encore y chercher la guérison.

L'émigration des hautes familles et le bouleversement occasionné dans l'ordre social français, par la révolution de 1789, firent perdre aux eaux de la Roche leur plus riche clientèle : exploitées depuis lors par la commune, qui ne pouvait y faire les dépenses nécessaires pour soutenir la concurrence des autres villes d'eaux, elles tombèrent dans l'oubli. Elles furent analysées une première fois, en 1615, par Milon, premier médecin d'Henri IV et

de Louis XIII, qui employa tout son crédit pour leur donner la juste célébrité dont elles jouissent. Elles furent
comprises dans l'analyse générale des eaux minérales de
France qui fut présentée à l'Académie des sciences, en
1670, par Duclos, membre de cette académie. En 1736,
elles furent analysées de nouveau par Martin, célèbre
médecin de Châtellerault, qui les prescrivait à ses nom-
breux malades avec un succès presque constant. Enfin,
en 1805, M. Joslé, professeur à l'École de médecine de
Poitiers, publia sur elles un rapport fort détaillé, adressé
à M. de Lapparent, alors préfet de la Vienne.

Chaque matin, les malades assez forts vont prendre les
eaux à la fontaine. Cette promenade, faite de bonne
heure, a le double avantage de les arracher à un repos
trop prolongé et d'augmenter beaucoup leur appétit. De
jolies promenades, entretenues avec soin, permettent aux
buveurs de se mettre à l'abri des rayons du soleil pendant
le temps qu'ils passent à la fontaine : il y a auprès de la
source un grand pavillon et un salon de réunion où l'on
peut se reposer ; ils y doivent rester assez longtemps,
comme nous le dirons plus loin, pour éviter de boire une
trop grande quantité d'eau à la fois. On apporte tous les
matins de l'eau aux personnes souffrantes ou âgées.
Quand le temps est mauvais, les buveurs valides ont la
même ressource.

La ville a fait bâtir près des fontaines un établissement
destiné à recevoir des militaires ; des raisons d'adminis-
tration n'ont pas permis de l'employer à cet usage : il sert
d'établissement de bains.

Les bains d'eau minérale se prennent aussi dans la
ville à l'hôtel. On donne aux personnes atteintes de

maladies graves des baignoires spéciales, qui sont remises à neuf lorsque le traitement est terminé. Auprès de la place, à la mairie, se trouve le grand salon des baigneurs ; c'est une pièce vaste, fraîchement décorée, où ils peuvent se réunir chaque jour, lire les journaux, quelques brochures récentes, faire de la musique, et même danser de temps en temps. Il y a aussi des salons de jeux et un billard.

Il y a à la Roche deux hôtels principaux, l'hôtel du *Cheval-Blanc* et l'hôtel de *l'Espérance*. La journée du baigneur est de 6 fr. pour les hommes et de 5 fr. pour les femmes, c'est-à-dire le logement, la nourriture, la lumière. Ces mêmes hôtels reçoivent à une table d'hôte inférieure, et, cependant, abondamment servie, des buveurs à raison de 4 fr. et 3 fr. 50 c.

Il existe d'autres hôtels où la journée du buveur ne s'élève qu'à 3 fr. 50 c. Le prix du bain est de 1 franc 25. Les malades n'auront pas d'honoraires à payer au médecin-inspecteur. Beaucoup d'habitants reçoivent des étrangers et leur abandonnent, pendant la saison des eaux, la plus belle partie de leurs maisons. Les personnes logées de cette manière peuvent faire apporter leur repas de l'hôtel, où, ce qui est encore mieux, amener leurs domestiques et tenir leur maison.

La plupart des personnes qui viennent à la Roche appartiennent à la classe riche : on peut dire que la société y est agréable et choisie.

Le fermier actuel se propose de former une compagnie par actions, ce qui permettra de construire un grand établissement où se trouvera tout le confortable nécessaire.

En attendant, on peut s'adresser franco au directeur des eaux pour retenir des logements soit dans les hôtels, soit chez les particuliers.

Nous sommes fort éloigné de croire que l'analyse chimique dise tout sur la composition des eaux minérales ; de même qu'elle ne révèle pas la nature des miasmes, les principes qui vicient l'air dans les épidémies, les maladies pestilentielles, elle reste muette à l'égard des agents impondérables que nos instruments n'atteignent pas et qui contribuent à donner aux eaux minérales leurs propriétés les plus efficaces ; il ne faut pas oublier que les substances contenues dans les eaux minérales sont combinées de manière à devenir fort actives, même à très-faible dose. Les eaux ferrugineuses naturelles où l'on trouve une fort petite quantité de fer agissent plus puissamment que les eaux artificielles dans lesquelles ce médicament entre en plus grandes proportions. Il faut s'en rapporter à une autre espèce d'analyse, leur effet sur le corps humain en santé et en maladie ; c'est à l'expérience à indiquer leur action thérapeutique. C'est donc au temps et à l'observation à prononcer en dernier ressort sur leur emploi en médecine, et, sous ce rapport, la tradition a appris aux populations la valeur des sources minérales qui les avoisinent.

Propriétés physiques. — Les eaux du bassin n° 1, situé à l'est, sont verdâtres ; leur goût est un peu âcre et salé, leur odeur légèrement sulfureuse.

Les eaux du bassin n° 2, au sud, sont un peu troubles ;

leur goût est amer et salé, les parois du bassin sont enduites d'une croûte ocreuse.

Les eaux du bassin n° 3, à l'ouest, sont peu salées ; mais elles ont une saveur de fer caractérisée.

Le bassin n° 4 sert de réservoir aux trois autres ; l'eau est souvent un peu trouble, elle ressemble à du petit lait ; les sources sortent d'un banc de tuf qui forme le fond des bassins.

Propriétés chimiques. — Plusieurs médecins, notamment Milon, Duclos, Martin, Joslé, ont fait l'analyse des eaux de la Roche-Posay ; mais les progrès continuels de la science ne nous permettent pas de nous en tenir à ces documents inexacts et incomplets. Sur notre demande, M. Meillet, pharmacien des hospices de Poitiers, a bien voulu se charger d'une nouvelle analyse ; ce travail n'est pas terminé ; mais nous pouvons déjà donner sur la composition des eaux de la Roche les indications suivantes :

M. Meillet a divisé en trois catégories les substances qu'il a rencontrées.

1° Substances dominantes :

Carbonate de soude,
Carbonate de chaux,
Chlorure de sodium ;

2° Substances peu abondantes :

Carbonate de magnésie,
Sulfate de soude,
Silice ;

3° Substances dont on n'a constaté que des traces :

Acide carbonique,
Peroxyde de fer.

La composition chimique de ces eaux minérales et leur qualité spécialement alcaline nous expliquent leur succès dans toutes les maladies des organes digestifs. Elles ont une action bien marquée contre les calculs biliaires. Plusieurs malades, fatigués par des douleurs violentes attribuées à la présence de ces corps dans la vésicule, souvent même des ictériques, ont recouvré la santé à la Roche. Elles ont une grande efficacité contre les engorgements du foic et de la rate ; bien des malades, atteints de gravelle et de coliques néphrétiques, ont eu à se louer de leur emploi ; à l'aide du fer et de l'acide carbonique, elles agissent dans la chlorose, l'aménorrhée, les flueurs blanches, les névroses, surtout celles de l'estomac qui se dénotent par l'irrégularité des digestions et de l'appétit ; elles réussissent souvent dans la gastrite et la gastro-entérite chronique et contre les rhumatismes.

Ces eaux ont une action toute spéciale contre les maladies chroniques de la peau. Ces affections, réunies sous le nom de dartres humides, squammeuses, furfuracées, vésiculeuses, pustuleuses, enfin tous les eczémas, etc., sont souvent guéries, toujours améliorées, par les eaux de la Roche, même quand ces éruptions occupent le cuir chevelu ; le véritable porrigo n'offre pas les mêmes avantages. Le nombre étonnant de cures qu'elles ont opérées peut les faire regarder comme spécifiques de ces maladies.

L'an dernier, un vieillard, atteint d'un rhumastime,

avait éprouvé une amélioration sensible au bout de huit jours : il est parti guéri après un traitement d'un mois ; des observations semblables ont été publiées en grand nombre par MM. Joslé et Destouches, successivement inspecteurs des eaux.

La présence du carbonate de soude et du chlorure de sodium, que l'on emploie avec avantage contre les maladies de la peau, explique parfaitement ces succès.

Beaucoup de personnes qui ne peuvent supporter les eaux de Vichy se sont trouvées très-bien de l'usage des eaux de la Roche-Posay.

Elles peuvent aussi s'expédier à de très-grandes distances sans perdre de leur qualité. Le prix de l'eau, prise à la fontaine, est de 25 centimes la bouteille.

Manière d'user des eaux.

La saison commence le 1er juin et finit le 30 septembre. Durant les grandes chaleurs, les sources donnent peu, le goût des eaux est alors plus styptique et leur efficacité plus marquée. Elles sont, en général, froides, légères, limpides, sans odeur ni saveur désagréables. On les prend pendant un mois ou six semaines simultanément en boissons et en bains. On a remarqué que les récidives sont moins communes après un traitement un peu long ; anciennement, il ne durait que trois semaines : mais, depuis longtemps, le médecin inspecteur des eaux, instruit par une longue expérience, conseille, dans les cas graves, un traitement d'un mois ou de six semaines. Il est rarement utile de pratiquer une saignée avant de commencer le traitement ; on se trouvera souvent bien de l'administra-

tion d'un léger purgatif, 30 ou 40 grammes de sulfate de
soude ou de magnésie, par exemple. On a remarqué que
les eaux agissent mieux lorsque les premières voies sont
débarrassées ; il va sans dire que ce ne sera jamais une
mesure générale. On ne purgera pas les personnes atteintes de gastrite ou de gastro-entérite chronique, toutes
celles dont les organes digestifs sont souffrants ou trop
impressionnables. Le premier jour, on boit deux grands
verres d'eau ; on augmente chaque jour la dose d'un verre,
en évitant cependant de surcharger l'estomac : les buveurs peuvent, en général, prendre jusqu'à trois litres
d'eau ; quelques estomacs privilégiés en supporteraient
même davantage ; le maximum est, pour beaucoup d'autres, de deux litres. Quelquefois on a de la peine à s'y
habituer : on doit alors les couper avec de l'eau, du lait,
ou une infusion de tilleul ; vers la fin du traitement, on
diminue la dose tous les jours d'un verre. Les buveurs
vont à la fontaine une heure après le lever du soleil, les
eaux sont moins froides et plus légères que si on les pre-
nait plus tôt ; elles doivent être bues par verre de quart
d'heure en quart d'heure : il faut se promener autant que
les forces le permettent jusqu'à ce que les eaux soient
passées ; elles sont très-promptement rendues par les
urines. On peut prendre son bain immédiatement avant
de manger, ou deux heures après.

Les bains ne doivent pas être pris trop chauds, 28 de-
grés au plus, pour éviter de faire perdre aux eaux une
partie des principes qu'elles contiennent. Le bain ne doit
durer que 48 minutes au plus. On peut en prendre deux
dans un jour : l'un le matin, l'autre le soir. Les eaux
minérales ont souvent plus d'efficacité administrées en

douches, surtout lorsque la surface malade est peu
étendue.

EFFET DES EAUX MINÉRALES DE LA ROCHE-POSAY
SUR LES PERSONNES EN BONNE SANTÉ.

Non-seulement les eaux de la Roche guérissent ou sou-
lagent dans toutes les maladies que nous venons de
désigner, mais elles ont encore un effet très-marqué sur
les personnes en bonne santé; par leur qualité diurétique,
légèrement apéritive sans cesser d'être tonique, elles
facilitent la digestion, donnent au corps de la force, de la
souplesse et de l'énergie; elles procurent un sommeil
tranquille ou semé de rêves agréables; elles fortifient
l'intelligence, élucident l'esprit, font renaître la belle
humeur, le contentement de soi-même, la gaieté douce,
expansive, qui fait le charme des sociétés.

Prises en bains, elles donnent à la peau le soyeux
et velouté de la première jeunesse.

Ce sont, sans doute, toutes ces qualités exquises, re-
connues par les anciens, qui ont valu aux sources de
la Roche-Posay le flatteur qualificatif de *fontaines de
Jouvence.*

Le traitement des malades pourra être dirigé par
MM. les docteurs-médecins habitant la commune, ou par
ceux des communes voisines de la Roche. M. Guignard,
professeur à l'école de médecine de Poitiers, chirurgien
de l'Hôtel-Dieu, etc., chargé récemment de l'inspection
des eaux de la Roche-Posay, se mettra à la disposition
des malades toutes les fois que ses occupations le lui per-
mettront.

Moyens de transport. — Deux voitures font tous les jours le service de Châtellerault à la Roche : l'une part à 9 heures 1/2 du matin, aussitôt l'arrivée du train omnibus, et l'autre part à 3 heures du matin, en corrrespondance avec le train direct venant de Paris.

Deux heures suffisent pour le trajet de Châtellerault à la Roche-Posay.

Les buveurs peuvent se procurer à la Roche et à Châtellerault des voitures et des cabriolets à volonté.

EXCURSIONS

Les excursions aux environs de la Roche-Posay peuvent se varier à l'infini; on peut se diriger à pied, ou monté sur des ânes, dans les bois de Pleumartin, qui ne sont éloignés des sources que d'environ un quart de lieue.

Si l'on prend la route de Vicq, on peut visiter les ruines de l'ancien couvent de la Mercie-Dieu, dont il ne reste presque plus rien, puis celles du château d'Angles, qui ne sont qu'à 12 kilomètres de la Roche-Posay. Celles-ci sont bien conservées et méritent toute l'attention des archéologues et des amateurs de l'architecture du moyen-âge. Entre Vicq et Angles, on peut admirer, en passant, le cours pittoresque et tortueux de la rivière coulant au pied de rochers qui s'élèvent à pic à plus de 20 mètres d'un côté, tandis que de l'autre bord de vastes prairies viennent eu pente douce jusqu'au niveau de l'eau, où les agneaux altérés peuvent s'abreuver à l'aise.

Si l'on veut faire 6 kilomètres de plus et se diriger sur Mérigny, on pourra admirer là le château de la Roche-Bellusson, dont les réparations ont coûté, dit-on, plus d'un million et demi.

Le plus ravissant coup d'œil du paysage sur la route de Vicq est celui dont on peut jouir en sortant de la Roche, à 500 mètres environ en avant de la tuilerie ; de ce point on peut admirer à la fois les trois splendides vallées de la Creuse et de la Gartempe.

En traversant la Creuse, si l'on prend la route de la Touraine, il faut s'arrêter un moment sur le pont suspendu pour y admirer le pittoresque de la ville.

A 11 kilomètres se trouve Preuilly, un des chefs-lieux de canton d'Indre-et-Loire. L'église, datant de l'an 1050, est du style roman ; le clocher s'est malheureusement écroulé en 1867 : il faut cent mille francs pour le réparer, et la ville n'est pas assez riche. Le château en ruine qui domine la ville mérite aussi d'être visité.

De la Roche-Posay, on peut aller aussi visiter les trappistes de Fongombault, les ruines de l'abbaye, les travaux de réparations que les bons pères font chaque jour. Les hommes peuvent même y demander l'hospitalité : il y a un réfectoire pour les étrangers ; on n'y sert que des plats maigres ; mais le frère qui vous sert n'est pas astreint au silence comme les autres. En dépassant le village de Fongombault d'un kilomètre environ, on pourra admirer les rochers sauvages et menaçants qui s'élèvent à pic au-dessus de la route pendant plus d'un kilomètre.

Le village d'Yzeures a aussi une église très-ancienne. Enfin, cette promenade au milieu de la riche vallée de la Creuse offre toutes les commodités désirables : une route

superbe et bien entretenue, bordée d'arbres et parsemée
de petits et grands châteaux, comme celui de Harambure,
de Perré, des Fosses, etc.

Si on descend la rive droite de la Creuse, on trouve à
3 kilomètres de la Roche le petit bourg de Chambon, au
bas duquel se trouve l'antique manoir de Rouvrai, cons-
truit depuis plus de six cents ans et bien conservé. Plus
loin, Barrou et la Guerche; puis Abilly, où se trouve une
des plus considérables minoteries de France.

Plus loin, enfin, La Haye-Descartes, où l'on voit la sta-
tue du célèbre penseur et une papeterie qui emploie une
chute d'eau de près de 400 chevaux de force. De là, on
pourra revenir à la Roche par la rive gauche de la Creuse,
en visitant le curieux bourg de Saint-Remy, composé en
grande partie de tisserands qui habitent des souterrains
creusés dans le roc.

Près de Lésigny se trouvent les immenses forêts habi-
tées par des cerfs, des chevreuils, des sangliers, où se
font de grandes chasses à courre.

On peut donc faire aux alentours de la Roche-Posay
des excursions très intéressantes, au milieu d'un pays
riche et pittoresque où rien du nécessaire et du désirable
ne peut jamais manquer.

www.ingramcontent.com/pod-product-compliance
Lightning Source LLC
Chambersburg PA
CBHW050403210326
41520CB00020B/6434